青少年信息技术科普丛书

神奇标签

曹　健　熊　璋　著

佟雨阳　王亚青　绘

机械工业出版社
CHINA MACHINE PRESS

超市里琳琅满目的商品，如何便捷地获得它们的价格和生产信息？仓库中堆积如山的快递，如何准确地将它们投递到千家万户？短途出行前，为什么不用钥匙就能开启共享单车？进出高速公路时，为什么不用停车就能快速缴费通过？这些常见场景的背后，是条形码、二维码、RFID标签等随着信息技术发展而涌现出来的新事物。

虽然天天用、日日见，但你可能不知道它们本质上是同一种东西——标签；你可能也无法想象它们的应用范围如此之广泛，已经成为万物互联的基础。让我们一起来看看它们到底有什么神奇之处吧！

图书在版编目（CIP）数据

神奇标签 / 曹健，熊璋著；佟雨阳，王亚青绘. —北京：机械工业出版社，2022.10（2024.6重印）

（青少年信息技术科普丛书）

ISBN 978-7-111-71532-0

Ⅰ. ①神… Ⅱ. ①曹… ②熊… ③佟… ④王… Ⅲ. ①电子技术 – 应用 – 标签 – 自动识别 – 青少年读物 Ⅳ. ① TP391.44-49

中国版本图书馆CIP数据核字（2022）第162687号

机械工业出版社（北京市百万庄大街22号　邮政编码100037）

策划编辑：黄丽梅　　　　　　责任编辑：黄丽梅
责任校对：韩佳欣　李　婷　　责任印制：郜　敏
中煤（北京）印务有限公司印刷

2024年6月第1版第2次印刷
140mm × 203mm · 3.875印张 · 41千字
标准书号：ISBN 978-7-111-71532-0
定价：39.00元

电话服务　　　　　　　　　网络服务
客服电话：010 – 88361066　　机 工 官 网：www.cmpbook.com
　　　　　010 – 88379833　　机 工 官 博：weibo.com/cmp1952
　　　　　010 – 68326294　　金 书 网：www.golden-book.com
封底无防伪标均为盗版　　机工教育服务网：www.cmpedu.com

丛书序

　　信息技术是与人们生产生活联系最为密切、发展最为迅猛的前沿科技领域之一，对广大青少年的思维、学习、社交、生活方式产生了深刻的影响，在给他们数字化学习生活带来便利的同时，电子产品使用过量过当、信息伦理与安全等问题已成为全社会关注的话题。如何把对数码产品的触碰提升为探索知识的好奇心，培养和激发青少年探索信息科技的兴趣，使他们适应在线社会，是青少年健康成长的基础。

　　在国家《义务教育信息科技课程标准》（已于 2022 年 4 月出台）起草过程中，相关专家就认为信息科技的校内课程和前沿知识科普应作为一个整体进行统筹考虑，但是放眼全球，内容新、成套系、符合青少年认知特点的信息技术科普图书乏善可陈。承蒙中国科协科普中国创作出版扶持计划资助，我们特意编写了本套丛书，旨在让青少年体验身边的前沿信息科技，提升他们的数字素养，引导广大青少年关注物理世界与数字世界的关联、主动迎接和融入数字科学与技术促进社会发展的进程。

本套书采用生动活泼的语言，辅以情景式漫画，使读者能直观地了解科技知识以及背后有趣的故事。

书中错漏之处欢迎广大读者批评指正。

目　录

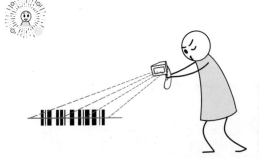

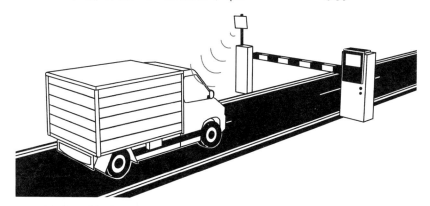

导　读

参观展览不仅是一种放松身心的休闲方式，也是一种开阔眼界的学习手段。又到了周末，同学们相约来到北京科学中心[⊖]参观科普展览。

⊖ 北京科学中心地处北京市西城区北辰路 9 号院，是服务青少年的公益性社会科普教育基地。展览展示面积近 1.9 万平方米，分为"三生"（生命乐章、生活追梦、生存对话）主题展、儿童乐园、特效影院、首都科技创新成果展、科学广场、临时展厅、科技教育专区和首都科普剧场八个功能区。

在"生活追梦"展区，大家看到一个"挑战多维码"的展台。这里不仅陈列了几件贴着条形码（也叫条纹码）的物品，还展示了二维码，以及 RFID（射频识别）标签。

"扫这个，扫这个……"

条形码、二维码、RFID 标签……已经融入了人们衣、食、住、行的方方面面。但它们从何而来？为什么是这个样子？还可以用在哪些地方？仔细想一想，这些问题的答案我们真的说不清楚呢。

既然科普展览已经激起了你的好奇心，那么就在本书的陪伴下，继续你的探索之旅吧！

第 1 章
条形码的
出现

编上号码才好辨认

　　大家去逛超市的时候，会看到超市里摆满了琳琅满目的商品。男女老少都在各个货架旁边精挑细选，然后推着购物车去收银台结账。

那么，你有没有思考过一个问题：收银员是如何知道每种商品价格的呢？一方面，商品的种类成千上万，有的在打折促销，有的对会员优惠，还有一些捆绑销售；另一方面，同类商品的包装、体积和颜色非常相近，仅凭肉眼分辨的话，一不小心就会把价格弄混。

神奇标签

在超市有过购物体验的人，会注意到一个细节：收银员是通过扫描商品上面的条形码得知商品的编号，从而进一步获取它的名称、价格、生产厂商等相关信息的。

　　正如我们每个人都有一个编号——身份证号码，超市里面的每种商品也有自己的编号。为了让编号更容易被机器识别，人们就用一组宽度不同的"条"（黑条）和"空"（白条）按照一定的规则排列，表示相应的字母或数字。

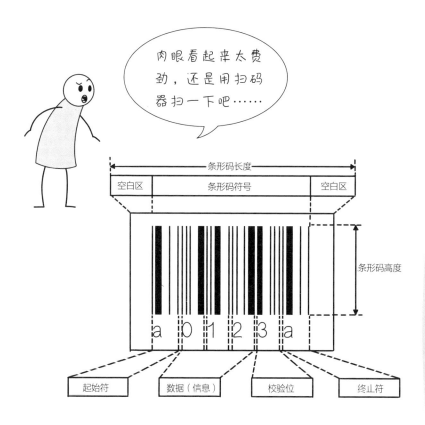

　　其实，在没有发明文字之前，人类的祖先也是在洞穴的岩壁上一条一条地画线，来记录每天狩猎或采集的成果的。可见，这种编码的特点就是辨识起来很容易，就算不认字也能猜个差不多。

打不到野牛就别回来，还好意思计数……

　　为什么只用黑色和白色的条纹来构成条形码呢？这是由它们的物理特性决定的：白色物体能反射各种波长的可见光，黑色物体则能吸收各种波长的可见光。当条形码扫描器光源发出的光照射到黑白相间的条形码时，就会接收到强弱不同的反射光信号，再通过专门的设备把这些信号翻译为字符。

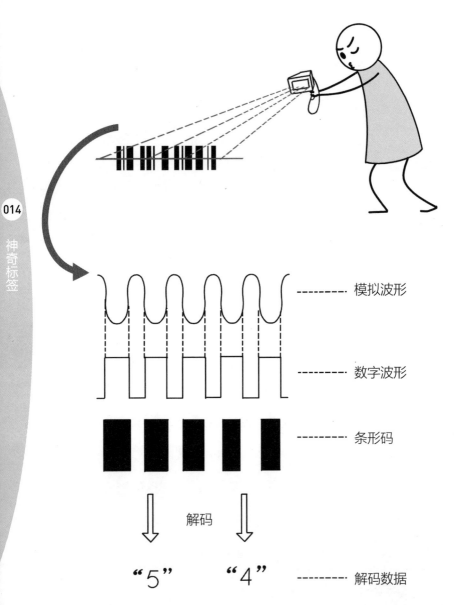

模拟波形

数字波形

条形码

解码

"5" "4" 解码数据

在 20 世纪 20 年代的威斯汀豪斯实验室，发明家约翰·科芒德（John Kermode）"异想天开"地想对邮政单据实现自动分拣[⊖]。

那个时候对电子技术应用方面的每一个设想都让人感到非常新奇。他想在信封上做一种标记，方便电子设备识别收信人的地址信息。

为此，科芒德发明了最早的条形码标识。他的设计方案非常简单，用一个"条"表示数字"1"，两个"条"表示数字"2"，依此类推。他还发明了条形码识读设备，包括一个能够发射光并接收反射光的扫描器，一个测定反射信号的边缘定位线圈，和一个分析测定结果的译码器。目前的条形码技术虽然是多次改进之后的结果，编码方式也和以前大不相同，而且使用起来更加精准可靠，但其基本思想和原理依然与最初的设计差不太多。

⊖ 分拣是指邮政部门对邮寄的物品进行检查并做分类处理的常规流程。分拣完成后，寄往同一个区域的物品就可以被归置在一起，批量发送出去了。

识别条形码的设备有很多种，最常见的就是超市收银员和快递员使用的手持式条形码扫描器。当然，我们的智能手机也有这种识别功能。

更多信息藏在背后

　　现在，我们知道条形码表示的就是商品的编号。那么，超市收银员是如何知道商品的名称、价格、生产厂商等相关信息的呢？

　　其实，在商品进入超市库房的时候，商品的详细信息就已经录入到超市的计算机里了。而收银员手中的条形码扫描器也早就通过数据线或无线网络与计算机连接起来了。我们在柜台前结账付款时，扫描器读取到商品编号后，计算机就会根据编号在存储的数据里查找更多详细信息。

当然，在计算机里存储各种商品的详细信息，也是很有技术含量的。一般会在超市的计算机里建一个商品数据库[⊖]，里面有很多数据表。在这些表中，每一行都存储了一种商品的全部信息，不仅包括商品的编号，还有商品的名称、型号、价格、生产厂商等。也就是说，只有在计算机数据库的辅助下，人们才可以通过条形码获知商品的详细信息。

⊖ 数据库是"按照数据结构来组织、存储和管理数据的仓库"，是一个长期存储在计算机内的、有组织的、有共享的、统一管理的数据集合。

OH~

商品信息						
编码	货品名称	规格型号	单位	进货单价	销售单价	库管员
MM5566001	货品1	规格1	瓶	500	1000	库管员1
MM5566002	货品2	规格2	瓶	450	900	库管员2
MM5566003	货品3	规格3	瓶	600	1500	库管员3

菜单 | 商品信息 | 供应商信息 | 客户信息 | 入库单 | ……

换句话说，如果离开了预先建立的数据库，条形码所包含的信息丰富程度将会大打折扣。毕竟，这类条形码只包含一串数字或字母

（一般不超过 30 个符号），只够表示商品的编号和名称。由于这个原因，在没有数据库支持或者联网不方便的地方，使用条形码就会受到很大的限制。

神奇标签

　　在今天的生产生活中，数据库的重要作用日益凸显，对于超市、银行这类企业更是如此。早在 20 世纪 90 年代，就有一些大型超市开始深挖数据库的潜力了。在一次对超市的数据库进行整理分析之后，研究人员突然发现：跟尿布一起搭配购买最多的商品竟然是啤酒！尿布和啤酒，听起来风马牛不相及，但这是对大量真实购物数据进行分析的结果，反映的是潜在的规律。

　　于是，超市随后对啤酒和尿布进行了捆绑销售，并尝试着将两者摆在一起，结果使得两者销量双双激增，为超市带来了大量利润。之后进行了更深一步的跟踪调查，市场营销专家逐渐发现了其背后的原因：在当地有孩子的家庭中，太太经常嘱咐丈夫下班后去超市给孩子买尿布，而 30%~40% 的丈夫们会在买完尿布后随手买几瓶啤酒……

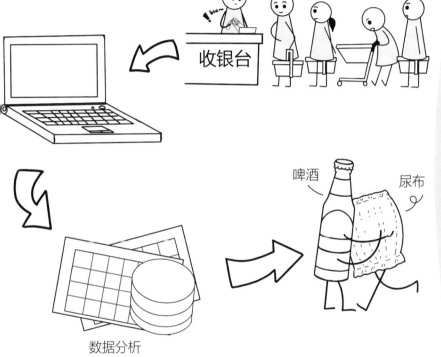

数据分析

啤酒　尿布

从"线"到"面"的飞跃

为什么超市商品的条形码不能把数据库中的详细信息都直接表示出来呢？还要额外进行查询数据库的操作，多麻烦。

通过观察，我们不难发现：上一节所展示的这种条形码只在水平方向上存储了信息，在垂直方向上并没有存储信息。这不仅浪费空间，也直接导致了其存储量不够大！

这么一对比，我就明白了……

条形码   二维码

不存储信息   存储信息

存储信息   存储信息

因此，这种只在一个方向上存储信息的条形码，我们称之为一维条形码，简称条形码或条码。而能够在两个方向上都存储信息的"升级版"条形码，我们称之为二维条形码，简称二维码。

　　1969 年，美国科幻小说作家艾萨克·阿西莫夫（Isaac Asimov）创作了一部名为《赤裸的太阳》（The Naked Sun）的小说，书中讲述了使用信息编码的新方法实现自动识别的事例。那时，人们觉得此书中的条形码看上去像是一个方格子的棋盘。放到今天，专业人士马上会意识到这是一个二维码。

　　但产生真正实用的二维码，已经到了 20 世纪 80 年代末。日本的一家公司为了追踪汽车零部件的制造和使用过程，设计出了我们今天使用的二维码。它能够把文字、图像、音频、视频等相关信息"编码"成一个几何图形。当用特定软件解读这些图形时，相应的信息就会显示出来。

可以说，二维码的出现，带来了信息存储方式从"线"到"面"的飞跃。条形码一般只能存储十几个字符的信息，而二维码可以存储上千个字符⊖的信息，这其中不仅包括数字、英文字母，还包括汉字和各种特殊符号。

容量大就是好啊，不用像你一样，离开了数据库就玩不转了。

⊖ 有关资料表明：二维码最多可记录 1850 个字母或 2710 个数字，或 500 多个汉字！

条形码的容错能力是比较弱的，而二维码采用故障纠正的技术，遭受污染以及破损后也能复原。即使受损程度高达30％，仍然能够解读出原始数据，误读率仅为6100万分之一。同样的道理，条形码在经过传真和影印后容易发生变形，机器往往无法识读，但二维码经传真和影印后仍然可以使用。

如果仔细观察二维码，我们会发现它的结构比条形码更加精巧和复杂。不仅存储了核心数据、纠错码字、版本格式等信息，还绘制了一些功能图形来确定位置和校正扭曲。下面是一个具有代表性的矩阵式二维码⊖的结构图。

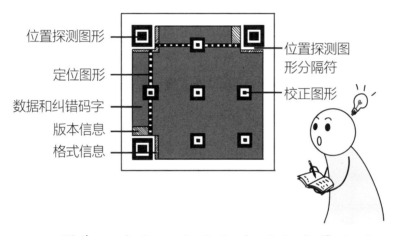

图中，左上、右上和左下方边界处的小方框是用于位置探测的图形，也就是用来"告诉"扫码设备：存储信息的有效区域在哪儿。有了这三个小方框，不论你从哪个方向读取二维码，信息都可以被识别出来。

⊖ 二维码可以分为堆叠式 / 行排式二维码和矩阵式二维码，后者目前使用最为广泛。

也许你会问："为什么不是四个角上都有小方框呢？"因为根据几何学的知识，不在同一条直线上的三个点就可以确定一个平面，再多一个点完全没有必要。而且，节省出一个角的空间来，还可以存储更多信息。

正是因为这些结构特征，二维码不但可以自由选择尺寸，还可以进行彩色印刷，而且印刷机器和印刷对象都不受限制，非常方便灵活。甚至，三个小方框也可以替换成小圆圈之类的几何图形，让你几乎看不出来这是二维码。

2012 年，在加拿大阿尔伯塔省拉科姆市的一个家庭农场，克雷和蕾切尔夫妇种出了一个面积巨大的二维码——2.8 万平方米的玉米田。这个奇特的玉米田已经被吉尼斯世界纪录认证为当时世界上最大的、可使用的二维码。有媒体评论称，这是农业和科技两个领域的重大突破。

据报道，克雷和蕾切尔在翻看各种杂志的时候看到上面有不少二维码，突发奇想地计划将自家农场的玉米地改造成二维码的形状。于是，他们在设计师和技术工人的帮助下完成了这幅创造纪录的巨幅作品。当然，这个二维码并不是摆设，如果有人在乘飞机从上方经过的时候拿手机对着这块地一扫，就可以自动跳转到这家农场的网站。

要"方便"也要"安全"

扫二维码的时候，不仅能够获得一些文字信息，还有可能得到一张广告宣传画、一幅图像或者一段视频。这是怎么做到的呢？

真看不出来，这个二维码竟然是个网址啊！

这有啥奇怪的？本人才高八斗、满腹经纶，你不也没看出来？

条形码描述了商品的编号，按照编号连接计算机存储的数据库，就能读取该商品的各种详细信息。

而二维码的内容可以是一个网站服务器^一网址以及展示某图像或视频的请求。扫码的同时，你的手机就按照获取的网址向服务器发送请求，服务器根据你的请求把图像或视频传输到你的手机，并在手机上进行展示。

㈠ 网站服务器能够处理浏览器等客户端的请求并给出响应。既可以放置网页文件，供用户浏览；也可以放置数据文件，供用户下载。

21 世纪是一个以网络为核心的信息时代，有人曾这样感慨："有网走遍天下，没网寸步难行"。目前最常用到的三种网络是电信网络、有线电视网络和计算机网络（也就是传统意义上的互联网）。它们向用户提供的服务有所不同：电信网络的用户可得到电话、电报以及传真等服务；有线电视网络的用户能够观看各种电视节目；计算机网络的用户则能够迅速传送数据文件以及从网络上查找并获取各种有用资料，包括图像、视频和音频文件。

虽然这三种网络在信息化过程中都起到了十分重要的作用，但其中发展最快并起到核心作用的还是计算机网络。随着技术的不断发展，电信网络和有线电视网络有了逐渐融入现代计算机网络的趋势，并由此产生了"网络融合"的概念。这样一来，电话、电视和计算机一样，都可以成为互联网上的设备，给人们提供更加丰富多彩的服务内容。

在生活中，看到这些内容丰富、形式多样的二维码，你是不是总有一种"扫码的冲动"？冷静！别着急！千万不要"有 WiFi 就连""见二维码就扫"。

有些不法分子会将木马病毒[⊖]等有害程序的下载链接嵌入到二维码里。一旦我们扫了这些来历不明的二维码，手机就可能下载有害程序，进而中毒或被他人控制，导致账户资金被盗刷、个人敏感信息泄露等风险。

在享受信息技术带来的便利之时，我们必须加强安全意识，扫码前先判断二维码的来源是否权威可信。一般来说，正规的报纸、杂志以及知名商场的海报上提供的二维码是相对安全的；对于网站上或微信群里发布的不知来源的二维码，我们则需要提高警惕；如果通过二维码来安装软件，最好先用杀毒软件扫描一遍再打开使用。

⊖ 木马病毒是指隐藏在正常程序中的一段具有特殊功能的恶意代码，它是具备破坏和删除文件、发送密码、记录键盘等特殊功能的后门程序。

这些年来，从条形码到二维码，扫码已经渐渐成了我们生活中不可或缺的一部分。特别是新冠肺炎疫情暴发后，扫二维码通行可以高效防疫，方便安全。

社交时，我们也经常会掏出手机，扫一扫对方的微信二维码，互加好友，交流信息。

神奇标签

在城市里出行的时候，掏出手机，扫一扫共享单车二维码，我们可以随时取用自行车，节省时间且低碳环保。

在购物的时候，扫一扫商铺的二维码（也叫收款码），我们可以快捷付款，不用找零。

神奇标签

当然，我们也可以生成自己的付款码（相当于"银行卡＋密码"的功能），让商家进行扫码收钱。虽然付款码都是有时效性的，超过一定额度还需要输入支付密码，但我们还是要提高安全意识，养成规范操作的好习惯。

在超市柜台前排队的时候，有些顾客为了节省时间，提前打开手机软件生成付款码。而犯罪分子一旦发现顾客没有遮挡好手机上的付款码，就会用自己的手机在后面偷偷扫码，取走顾客账户中的钱。所以，付款码应该现用现生成，扫码后立刻退出应用程序或息屏。不要为了一时方便，给犯罪分子可乘之机。

此外，付款码不要截屏或拍照发送给别人，上面的付款码数字也不要发送给别人。一旦发送出去，就相当于泄露了自己的"银行卡+密码"。

神奇标签

让人挠头的"先天缺陷"

虽然二维码比条形码的功能更强大，应用场景也更广泛。但还是无法克服与生俱来的固有缺点——读取信息的限制条件比较多。

条形码和二维码的读取需要很好的照明条件。我们可能都有过类似的经验：夜晚在角落里找到一辆共享单车，如果不打开手电，就无法扫码开启。

神奇标签

扫码的时候，最好让扫码器与条形码或二维码处于相对静止的状态。如果你站在路边想扫一下驶过的公交车上的二维码，几乎是不可能成功的。

　　扫码器要近距离正对条形码或二维码。如果两者之间距离较远或者角度较偏，很可能导致扫码失败。比如，你扫不了远方写字楼上的广告二维码，除非你的摄像头有光学变焦功能，或者配合使用望远镜。

此外，条形码或二维码一旦生成就无法更改，没有办法添加内容和回收使用。所以，无论是条形码还是二维码，都是用完即扔，过期作废。

条形码或二维码一次只能读取一个，不可以批量读取。一旦遇上乘客出站或高速收费的情形，就得停下来排队，极易造成拥堵。

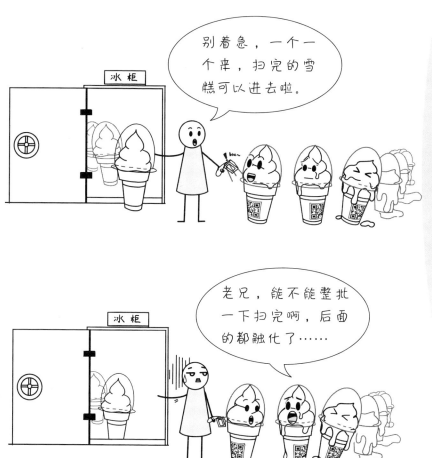

不管是条形码还是二维码都必须暴露在
表面，这使得扫码器不能读取包装盒里面的
二维码，也无法快速统计集装箱内物品的种
类和数量。

那么，有没有哪种信息技术，既继承了条形码和二维码的优点，又克服了它们那些固有缺点呢？很幸运，你渴望的这种技术早已出现，而且在近几年广泛应用于我们的生产生活之中。这就是射频识别（Radio Frequency Identification，RFID）技术，射频识别系统中的数据载体是射频识别标签，俗称电子标签。

第 3 章
电子标签的兴起

战场上衍生出来的技术

　　雷达[一]可以发现远距离的目标，被人们形象地称为"千里眼"。它的基本原理是：通过不断发射出无线电波对远方目标进行照射，然后接收目标反射回来的无线电波，再进行简单的运算，就能够获得从目标到雷达（无线电波发射点）的距离、距离变化率、方位等丰富的信息。

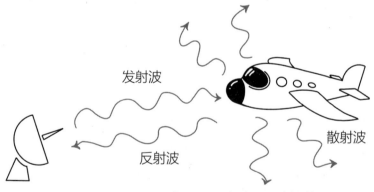

发射波

散射波

反射波

距离 =0.5× 光速 × 回波时间

　　[一] 雷达是英文 Radar 一词的音译，源于 radio detection and ranging 的缩写，意思为"无线电探测和测距"，即用发射无线电波的方法发现目标并测定其空间位置。

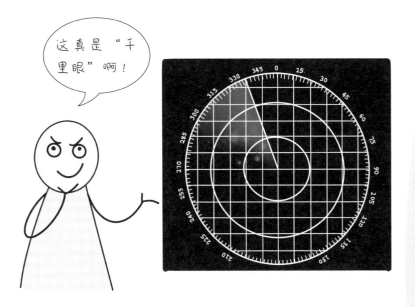

　　在第二次世界大战期间，雷达预警技术
已经开始被应用到军事领域。不过，当时的
雷达预警有一个致命的弱点——无法分辨敌
我双方的飞机，这会导致严重的后果，比如
防空炮误伤己方。

后来，德国空军发现当他们在返回基地的时候，如果突然拉起飞机，将会改变雷达反射回来的信号形状，从而与尾随而来的敌军飞机加以区别。这种简单的方法算是给飞机贴上了一种区分敌我的"标签"。

　　针对雷达预警的短板，英国在二战期间展开了一个秘密项目，开发出了一种能够识别敌我飞机的电子标签——敌我识别器。当接收到雷达信号以后，英军飞机上的敌我识别器会主动发送一个特定信号返回给雷达，而没有安装敌我识别器的德军飞机则做不到。如此一来，就很容易区分出敌我了。

英军发明的这种区分敌我的系统组件昂贵而且体积庞大，早期只应用于国防与军事。后来逐渐被用在了民用航空领域，成为现代空中交通管制的重要工具。

民航飞机上装有一种类似敌我识别器的电子标签——应答机，一旦接收到了地面雷达的询问信号，就主动向雷达发送自己的信息。这样雷达就能识别出这架飞机的代号，进而判断它是否在允许飞行的"白名单"㊀中。

————————

㊀ 白名单中罗列了所有允许通过的用户，白名单以外的用户都被禁止；黑名单则相反，是罗列不能通过的用户，黑名单以外的用户都可以放行。

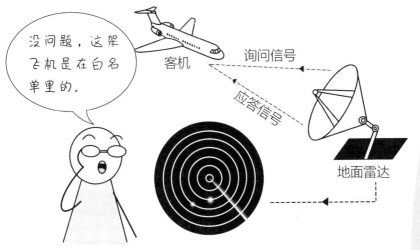

没问题，这架飞机是在白名单里的。

客机

询问信号

应答信号

地面雷达

　　随着信息技术的不断发展，这种功能强大的电子标签体积越来越小，价格也越来越便宜，于是就被逐渐推广开来，深入到我们的生产生活之中。

　　电子标签是射频识别标签的俗称，是无线射频识别系统中的数据载体。该系统利用无线射频方式对电子标签进行读写，从而达到识别目标和数据交换的目的。

IT 趣闻

1666 年，英国科学家牛顿做了一个实验，后人称之为"光的色散"实验，其原理如下页图所示。他让日光通过一个三棱镜投射到墙上，就得到了一条彩色光斑（包含红、橙、黄、绿、蓝、靛、紫七种单色光），即光谱。这七种单色光的波长各不相同，波长最长的是红色光（700nm 〇左右），波长最短的

〇 纳米是长度的计量单位，单位符号是 nm。1 纳米 =10⁻⁹
 米，比单个细菌的长度还要小得多。

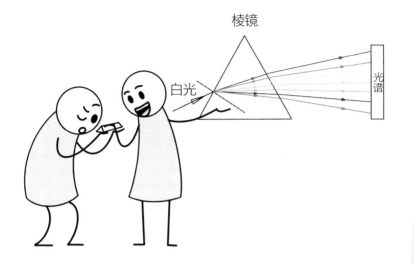

棱镜

白光

光谱

是紫色光（400nm 左右）。这些人类肉眼可见的光被我们称为可见光。日常生活中，大家用普通的手机和相机拍摄的照片，都是可见光图像。

其实光的种类非常多，牛顿得到的只是可见光谱，更加完整的光谱如下页图所示。其中，波长比可见光中的红色光稍长的，我们称之为红外线。而波长比可见光中的紫色光稍短的，我们称之为紫外线。雷达使用的光的波长要比红外线长，属于无线电波里的一种。雷达波具有在任何范围和任何时间

内收集数据的能力，无须考虑气候以及周围的光
照条件。某些雷达波甚至可以穿透云层，在一定条
件下还可以穿透植被、冰层和极干燥的沙漠。很多
情况下，雷达是探测地球表面不可接近地区的唯一
办法。

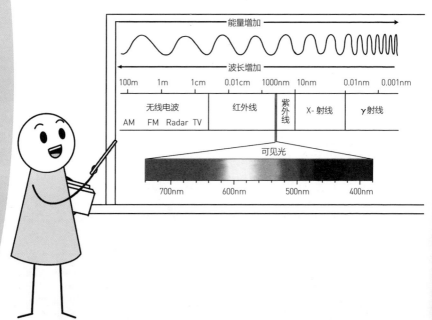

道是"无形"胜"有形"

一个完整的射频识别系统主要由三部分组成：读写器、天线和电子标签。

其工作过程分为以下四步：

①读写器通过天线发出询问信号。

②电子标签接收到询问信号后，发出应答信息。

③读写器通过天线接收到电子标签发回的应答信息，并进行识别处理。

④读写器将识别结果传输给计算机控制端。

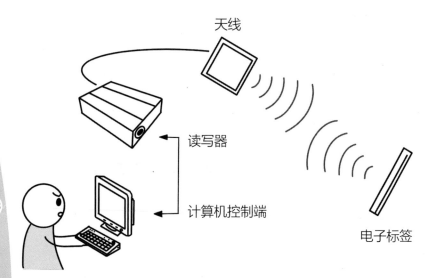

天线

读写器

计算机控制端

电子标签

　　通过上面的介绍可以发现，射频识别系统的工作原理和雷达极为相似。这是因为它本就来源于雷达技术，从本质上讲还是一种无线通信。

　　所以，电子标签不需要与读写器进行机械或光学接触便可完成识别，而且通过芯片能够存储数量巨大的"无形"信息。前面介绍的条形码和二维码，则是依靠一维或二维的几何图案来提供"有形"的信息。

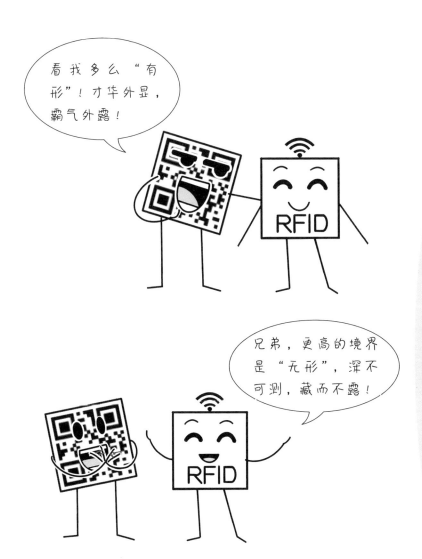

　　另外，你有没有注意到，"芯片"这个词好像在谈论计算机和手机的时候也经常提起。没错，这里所说的芯片和计算机、手机里的

芯片是同一类事物。只不过，计算机和手机里的芯片功能更复杂，价格更高。而电子标签里的芯片功能比较简单，价格很低。

我是计算机的"核心"，能够对数据进行非常复杂的处理。

CPU

RFID

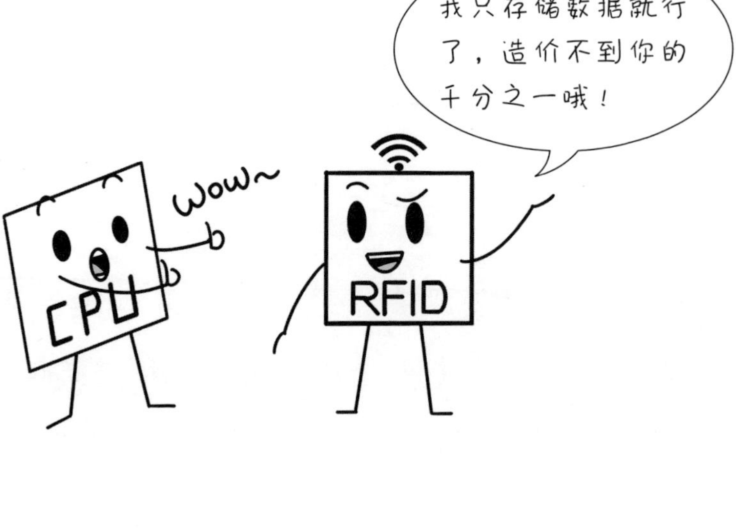

Wow~

我只存储数据就行了，造价不到你的千分之一哦！

CPU

RFID

在当今的各种电子设备里，无论是我们常用的数字、英文字母、中文汉字、标点符号还是声音、图像，最终都要转化成二进制^一来存储和处理。

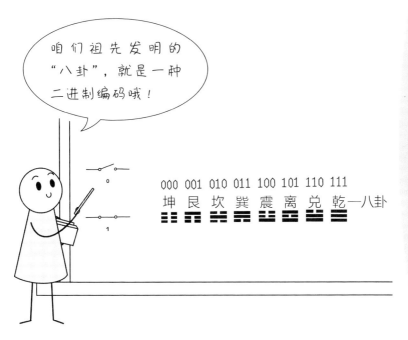

咱们祖先发明的"八卦"，就是一种二进制编码哦！

000 001 010 011 100 101 110 111
坤 艮 坎 巽 震 离 兑 乾——八卦

一 二进制在数学和数字电路中指以 2 为基数的计数系统，它用符号 0 和 1 来表示所有的数。

　　芯片的集成度越来越高，从早期几十个晶体管单元的集成，到后来千万个晶体管汇集到一个小小的芯片中，这种发展速度远远超出了我们的想象。

　　1965 年，戈登·摩尔（Gordon Moore）发现这样一种趋势：同一面积芯片上可容纳的晶体管数量，一到两年将增加一倍。后来，人们把这个周期调整为 18 个月，并把摩尔对这个趋势的描述称为"摩尔定律"。

时至今日，一根头发尖大小的地方，就能放上万个晶体管，一台笔记本电脑大概有几百亿个晶体管，一部智能手机约有几十亿个晶体管。在 IT 产业中，无论是晶体管数量、计算速度、网络速度，还是存储容量，都遵循着摩尔定律。摩尔定律已经被用于任何呈指数级增长的事物上面，给科技发展带来了深远的影响。

一方面，摩尔定律使得硬件价格大幅下降，功能越发强大，设备体积越来越小。原来比较高端的产品，如激光打印机、服务器、智能手机，已经逐渐从科研机构、大型企业进入了普通家庭。另一方面，摩尔定律也为信息产业的发展节奏设定了基本步调——如果一家信息技术企业现在和 18 个月前卖掉同样多的相同产品，它的营业额就要降一半（同样的劳动，只得到以前一半的收入）。所以，各个公司的研发必须针对多年后的市场进行技术创新，还必须在较短时间内开发出下一代产品，追赶上摩尔定律规定的更新速度。

想什么呢？到时候软件一升级，硬件不够用，还得换。

唉，这节奏跟不上啊！

是啊，实在太快了！

千姿百态而又无处不在

　　由于电子标签是利用芯片存放"无形"信息，所以电子标签的第一个显著特点就是体积小且形状多样。不像条形码，为了读取精度还得配合纸张的尺寸和印刷品质。

我们可以把电子标签做成钥匙环的样子，比如我们住宅小区的门禁卡。

可以把电子标签做成手环的样子，比如用于医院或养老院人员管理的智能手环。

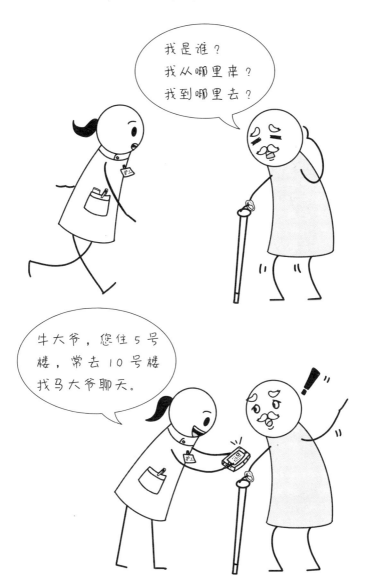

还可以把电子标签嵌入到手机里，比如乘坐公交、地铁用到的近场通信⊖（NFC）功能。

⊖ 近场通信是一种短距离的高频无线通信技术。使用了近场通信技术的设备可以在彼此靠近的情况下进行数据交换。

电子标签还能被植入生物体内（比如人体、宠物、野生保护动物等），方便进行身份识别与跟踪……

　　电子标签的第二个显著特点是穿透性强且可以批量读取。我们知道条形码需要在较好的照明条件下一个一个读取，而电子标签完全没有这个限制。且不说在黑暗中，就算在被纸张、木材和塑料等非金属不透明的材质包裹的情况下，多个电子标签也可以同时轻松读取。此外，内部携带电源的射频识别标签（有源标签[⊖]）甚至可以进行远达百米的通信，这更是条形码或二维码无法做到的了。

⊖ 根据内部是否携带电源，可以把射频识别标签分为有
  源标签和无源标签两种。有源标签体积稍大、价格稍
  高，可以主动向四周进行周期性广播，通信距离远。
  无源标签相对便宜，需要接收读写器发出的电磁波进
  行驱动，通信距离也较近。

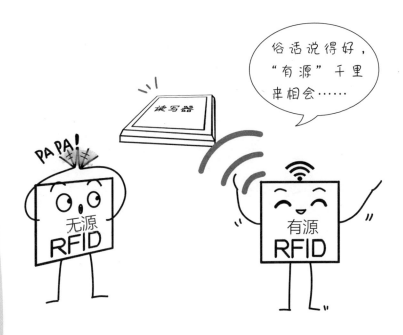

　　在没有电子标签的时候，我们在仓库中存取物资非常麻烦，需要用笔和纸记录完再输入到计算机数据库中。后来有了条形码，虽然不用手工录入，但物品往往都装在箱子里，箱子又堆叠在一起，封装和遮挡都会导致清点物品费时费力。现在，电子标签的出现，有效地解决了传统仓储管理存在的问题。

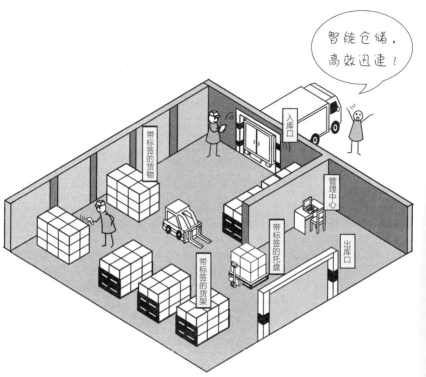

在货物进出仓库的时候，工作人员通过在入库口和出库口位置部署的固定式读写器，无须拆箱就可以高效准确地批量核对货物数量及型号。如果与入库单或出库单对比有错漏，系统会发出警报，通知工作人员进行处理。

神奇标签

在进行货物盘点的时候，可以使用手持式读写器进行非接触式扫描（通常可以在 1 米到 2 米范围内），读取的标签信息通过无线网络与管理中心的数据库进行比对，差异信息实时地显示在手持终端上，供工作人员核查。

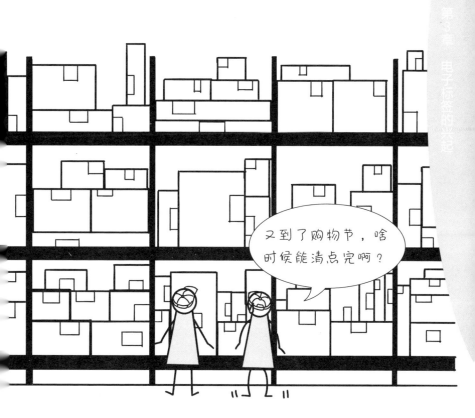

又到了购物节，啥时候能清点完啊？

　　电子标签的第三个显著特点是可以在运动的状态下读取，而条形码或二维码需要与读写设备处于相对静止的状态。当我们开车经过高速、大桥和隧道的收费站时，会发现这些地方非常拥堵。因为车辆快到收费站的时候，必须减速停下来排队，在收费窗口缴纳通行费用之后才可以依次驶离。

在使用了以射频识别技术为基础发展出来的ETC（电子不停车收费）系统⊖之后，通行速度可以加快4~6倍。不仅提高了公路的通行能力，节省了汽车用户的时间，而且

神奇标签

⊖ 电子不停车收费系统通过安装在车辆挡风玻璃上的车载电子标签与在收费站 ETC 车道上的微波天线之间进行的专用短程通信，利用计算机联网技术与银行进行后台结算处理，从而达到车辆通过高速公路或桥梁收费站无须停车而能交纳高速公路通行费或过桥费的目的。

降低了收费口的噪声水平和废气排放，节约了基建费用和管理费用。

　　当车辆从 ETC 车道上驶过时，收费站的读写器就可以通过天线与车载电子标签交换信息，快速完成缴费业务并自动放行。概括起来有三个关键词："不停车""无人操作"和"无现金交易"。

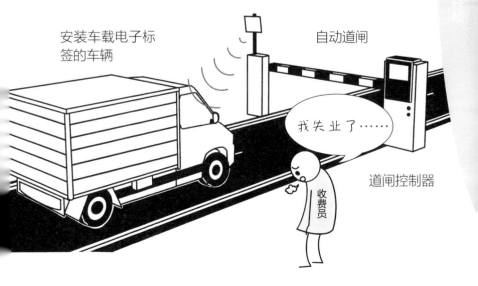

读写器天线

安装车载电子标签的车辆

自动道闸

我失业了……

道闸控制器

收费员

　　目前，国内主要还是采用车道隔离的方式，即在收费站开辟单独的 ETC 车道，供安装车载电子标签的车辆依次低速通过。随着技术的不断进步，ETC 系统将在无车道隔离的情况下进行"自由流不停车收费"，也就是说，我们可以按照正常行驶速度（比如时速几十公里到一百多公里）通过任意车道，并在没有觉察的情况下自动完成缴费。

电子标签的第四个显著特点是可以重复使用且抗干扰。电子标签作为一种芯片，不仅可以添加、删除和修改数据，而且不怕水、油等物质的污染。

正因如此，在生产、运输、加工、销售等各个环节上，人们都可以向商品的电子标签中写入相关数据。这样我们就很容易获取货物的全部流通信息，实现从原料到成品、从成品到原料的双向追溯功能。

比如食品追溯^一信息系统，就覆盖了食品生产基地、食品加工企业、食品运输过程、食品终端销售等整个食品产业链条的上下游。一旦在消费者那儿发现了食品质量问题，就可以通过电子标签追查出该食品的生产企业、原料产地、存储仓库、运输工具等，明确事故方应承担的法律责任。

不要问我从哪里来哦，我自己也不知道~

一 追溯，即追本溯源，探寻事物的根本、源头。最早是1997年欧盟为应对"疯牛病"问题而逐步建立并完善起来的食品安全管理制度。

此外，电子标签作为可以无线传输信号的芯片，还能用来进行目标物体定位。人们日常生活中常常会出现"找不到东西"的尴尬情况，有时候又急用，只好再买一个救急，很浪费。对于个人尚且如此，对于拥有众多资产的大型企事业单位来说，就更加常见，后果也尤为严重。

怎么了？一副
失落的样子。

我前天把家门钥匙
丢了，今天在沙发
底下找到了。

那是好事，应该高兴啊？

可我爸昨天就把锁给换了……

医院里的一些设备，比如心电图机、呼吸机等，价格昂贵且使用频率不是很高。一般不会给每个科室各配一台，而是根据使用的需要随时移动，用少量的几台就可以满足大部分需求。

这种移动性也会带来不便。比如突然来了个急诊病人，需要使用某些医疗设备，但这些设备不知道被挪到哪里去了。就算知道了位置分布，也不一定清楚哪些正在使用，哪些处于空闲……

如今，只要为每台设备贴上电子标签，利用这些标签快速锁定位置，就不用在寻找设备上花费大量时间了。此外，还可以通过电子标签随时监控设备的工作状态，提高设备的利用率。一旦出现故障也能及时报警，通知相关人员进行维护。

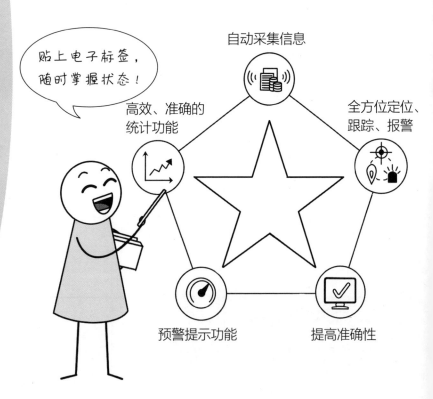

　　我们的手机之所以能够实现移动通信，是因为周围有"基站"。移动运营商建设了大量相互连通的基站，每个基站都会覆盖一个以基站本身为圆心的范围。人们打电话、收信息的时候，双方的手机都要先和至少一个基站联系起来。如果自己手机没有信号，或者"对方不在服务区"，很可能是因为自己或对方不在基站的覆盖范围内。

　　由于每个基站的位置是固定的，我们就可以通过基站进行手机定位。例如，移动运营商发现你在通过某个基站上网通信（该基站的覆盖范围为半径50米的圆），那么你就在"以这个基站为圆心且半径为50米的圆圈"内。如下页图所示，基站的覆盖范围往往互有重叠，所以当运营商发现你同时和3个基站有联系，那就说明你在3个圆的交界处，这就能够精确地计算出你的位置了。利用射频识别技术定位的原理和手机定位类似。只要把基站换成读写器的天线，把手机换成电子标签，就行了。

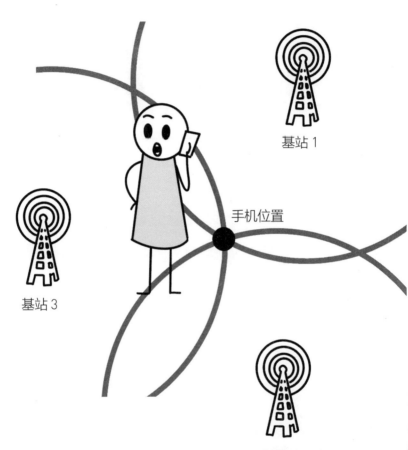

基站 1

手机位置

基站 3

基站 2

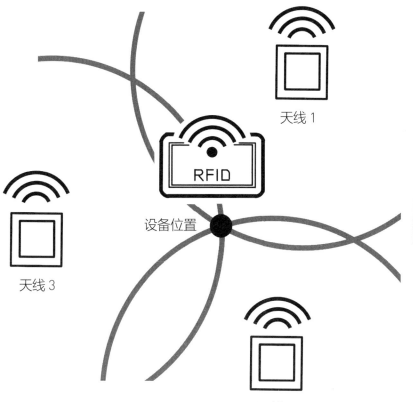

天线 1

设备位置

天线 3

天线 2

　　2022 年 3 月 11 日，李克强总理在十三届全国人大五次会议闭幕会后的记者会上表示，"我们今年要实施一项政策，就是把人们常用的身份证电子化。"所以，我们马上会迎来这一项关乎我们每个人的巨大变化。未来，条形码、二维码和电子标签也许还会有许多其他重要的应用，让我们拭目以待吧！